Abel Hernández-Muñoz

ROEDORES, SIMPÁTICOS ANIMALES DE COMPAÑÍA

Abel Hernández-Muñoz

ROEDORES, SIMPÁTICOS ANIMALES DE COMPAÑÍA

Acercamiento a la crianza y cuidados de estos cordiales mamíferos mascotas

Editorial Académica Española

Imprint
Any brand names and product names mentioned in this book are subject to trademark, brand or patent protection and are trademarks or registered trademarks of their respective holders. The use of brand names, product names, common names, trade names, product descriptions etc. even without a particular marking in this work is in no way to be construed to mean that such names may be regarded as unrestricted in respect of trademark and brand protection legislation and could thus be used by anyone.

Cover image: www.ingimage.com

Publisher:
Editorial Académica Española
is a trademark of
Dodo Books Indian Ocean Ltd. and OmniScriptum S.R.L publishing group

120 High Road, East Finchley, London, N2 9ED, United Kingdom
Str. Armeneasca 28/1, office 1, Chisinau MD-2012, Republic of Moldova, Europe
Printed at: see last page
ISBN: 978-613-9-43744-3

ROEDORES, SIMPÁTICOS ANIMALES DE COMPAÑÍA

Acercamiento a la crianza y cuidados de estos cordiales mamíferos

MSc. Abel Hernández Muñoz

ÍNDICE

1. INTRODUCCIÓN

Los Roedores, nombre genérico de determinados mamíferos, cuya característica principal es la dentición: los roedores tienen un único par de incisivos en cada mandíbula; éstos son anchos, curvados o semicirculares, tienen el extremo terminado en un borde afilado, a modo de cincel y el animal los utiliza para roer. La superficie frontal de cada incisivo está formada por esmalte duro, mientras que la posterior está compuesta por dentina blanda, que es la zona que se desgasta cuando el animal roe, de tal manera que dicho desgaste mantiene el borde cincelado y cortante. Este hecho se relaciona con la presencia de cavidades abiertas de la pulpa del diente, lo cual produce el crecimiento continuo de los incisivos y por tanto, la necesidad de un desgaste también continuo del extremo de éstos. Los roedores no tienen caninos y hay un espacio (el diastema) entre los incisivos y los molares. La articulación mandibular está dispuesta de tal manera que los incisivos pueden situarse hacia delante, en disposición de roer, o hacia atrás, para que los molares puedan masticar. Tanto los labios como los incisivos forman un mecanismo de utilidad muy diversa; no sólo se emplean para recoger el alimento, sino también para construir nidos o excavar madrigueras. Además, la mayoría de los roedores también se caracterizan por tener unas orejas bien desarrolladas.

Los roedores son el orden con más especies dentro del grupo de los mamíferos; hay más de 400 géneros y unas 2 000 especies. Están adaptados a vivir en todo tipo de hábitats terrestres y de agua dulce, pues no hay roedores marinos, y están distribuidos por todo el mundo, ya que el ser humano también los introdujo en lugares donde no vivían de forma natural, como Nueva Zelanda, algunas islas oceánicas y otras islas subantárticas. Los roedores se dividen en tres grandes grupos: un primer grupo contiene siete familias e incluye entre otros a las ardillas, las marmotas y los castores, las ratas y ratones de abazones o las ratas canguro (suborden Esciuromorfos); un segundo grupo comprende unas nueve familias, de las cuales dos contienen la mayor parte de las especies: son las ratas y los ratones del Nuevo Mundo, y las ratas y ratones del Viejo Mundo (suborden Miomorfos); por último, el tercer grupo contiene unas catorce familias, casi todas sudamericanas y comprenden entre otros a los puercoespines, los capibaras, los agutíes y las chinchillas (suborden Histricomorfos). El roedor más grande de todos es el capibara, el resto de las especies son, en general, pequeñas. Son animales muy prolíficos y algunas especies pueden tener bastantes camadas en un solo año. Algunas especies son acuáticas, otras son terrestres y viven en madrigueras excavadas en el suelo. También hay especies arborícolas y unas 35 especies, las llamadas ardillas voladoras, tienen costumbres semiarborícolas. Por otro lado, algunos roedores constituyen serias plagas para las cosechas y los almacenes de grano. Otras especies, como la rata gris y la rata negra, participan en la transmisión de enfermedades. La rata almizclera y el castor son muy valorados por su piel y por la construcción de presas que ayudan a prevenir la erosión del terreno. Las variedades albinas de ratas y ratones han sido de gran importancia para la investigación científica como animales de laboratorio, mientras que los jerbillos y los conejillos de indias son mascotas muy conocidas en todo el mundo.

Clasificación científica: los roedores constituyen un único orden: el orden Rodentia o de los Roedores.

Las mascotas juegan un papel importante en los hogares del mundo. Su experiencia personal al ser dueño de una mascota le será muy agradable si considera cuidadosamente qué mascota se adaptará mejor a su familia, su casa y su estilo de vida. Las expectativas frustradas son una causa importante por la cual las personas abandonan a sus mascotas, así que tome una decisión fundada. Tome su tiempo, incluya a su familia, y preste una cuidadosa atención a las siguientes preguntas si está considerando tener a un roedor como mascota.

SELECCIÓN DE UN ROEDOR DE COMPAÑÍA

¿Qué tienen de especial los roedores?

Los roedores como hámsters, ratones, jerbos y conejillos de indias son ejemplos de "mascotas de bolsillo", llamados así porque son muy pequeños y requieren menos cuidado a comparación del que requieren otros tipos de mascotas. Por estas razones, son excelentes para ser las primeras mascotas de niños pequeños.

¿Qué opciones tiene usted?

Hámsters

Los hámsters más comunes son los hámsters sirios o hámsters dorados, pero también están los hámsters albinos (blancos con ojos color rosa). Los hámsters que están en parejas o en grupos pueden pelearse, por lo que generalmente deben estar solos.

Jerbos

Con un tamaño similar a los hámsters, los jerbos son más activos y sociables. A diferencia de los hámsters, los jerbos son más felices al estar en pareja o en grupos pequeños. Los dueños potenciales deberían tener en cuenta que en algunos países es ilegal comprar y tener jerbos como mascotas.

Ratones

Aunque los ratones pueden ser dóciles y divertidos, son un poco más nerviosos que los hámsters o los jerbos. Las hembras no tienen problemas al estar en parejas o en grupos pequeños, pero por lo general los machos se pelean entre sí. Los ratones que más comúnmente pueden encontrarse en las tiendas de mascotas son los albinos, pero también están los ratones "extravagantes" que vienen en una gran variedad de colores.

Ratas

Las ratas son sociables y prosperan al estar en parejas del mismo sexo. Son más grandes y más fáciles de manipular que algunos roedores pequeños, rara vez muerden, y a menudo forman un vínculo muy estrecho con sus dueños. Las ratas vienen en una gran variedad de colores y requieren una jaula más grande y más atención que los roedores más pequeños.

Cobayas o Conejillos de indias

Son los roedores más grandes que se tienen como mascotas, y su tamaño y temperamento apacible hacen que los conejillos de indias sean muy populares. Son sociables, es muy poco probable que muerdan, y están cómodos al estar en parejas del mismo sexo. También pueden ser más ruidosos que otros roedores.

¿Cuáles son algunas características de los roedores?

• A comparación de los perros y los gatos, los roedores tienen una esperanza de vida más corta. Los niños pequeños deberían estar advertidos de esto para que la "muerte súbita" de su mascota no les sea tan terrible ni los altere. La esperanza de vida promedio es de 2 a 3 años para los hámsters y los jerbos, de 1 a 3 años para los ratones, de 2 a 4 años para las ratas, y de 5 a 7 años para los conejillos de indias.

• El alojamiento es un componente crítico para mantener saludable y seguro a su roedor. Las ratas y los conejillos de indias requieren jaulas de mayor tamaño que las que generalmente se venden en las tiendas de mascotas. Todos los roedores deberían tener el espacio adecuado para moverse y hacer ejercicio. Las ruedas de ejercicios pueden ser maravillosas fuentes de actividad y estimulación para los roedores pequeños. Las jaulas deben tener cerrojos seguros, ya que los roedores pueden ser excelentes escapistas. Un albergue seguro es particularmente importante si su familia tiene otras mascotas. Si usted permite que su mascota esté fuera de su jaula, vigílela en todo momento.

• ¡A los roedores les encanta mordisquear! Es importante darle a su roedor accesorios para morder, con el fin de preservar su bienestar físico y mental.

• Los cobayas o conejillos de indias requieren mayor tiempo y atención de sus dueños. Tienen necesidades alimenticias más exigentes que otros roedores. Por ejemplo, requieren heno fresco y verduras. También requieren suplementos de vitamina C, ya que no la producen por sí solos y deben obtenerla en su dieta. Los conejillos de indias de pelaje largo requieren un cepillado frecuente de forma habitual para evitar que se les enrede el pelo.

¿Quién cuidará de su roedor?

Como dueño, usted será el responsable de la alimentación, albergue, compañía, ejercicio y salud física y mental de su roedor durante toda su vida. Aunque los niños deberían estar involucrados en el cuidado de la mascota, es ilógico esperar que ellos sean los únicos responsables. Un adulto debe estar dispuesto, ser capaz y disponer del tiempo necesario para supervisar su cuidado.

¿Se adapta un roedor a su estilo de vida?

Ya que pueden vivir en jaulas, los roedores pueden tenerse fácilmente en apartamentos, condominios y casas. Aunque los roedores requieren menos mantenimiento que otras mascotas, eso no significa que no deba comprometerse a darles tiempo y cuidado.

Los roedores son famosos por su capacidad de tener numerosas crías. El hecho de comprar y criar a un roedor con el único propósito de que los niños sean testigos del proceso de nacimiento no demuestra responsabilidad como dueño de una mascota. Si su roedor hembra queda preñada, es responsabilidad de usted encontrar buenos hogares para las crías. Además, algunas hembras pueden lastimar o comerse a sus propias crías y esto puede ser traumático para los niños. Para evitar el problema de reproducción accidental, no mezcle machos con hembras en una misma jaula.

Los hámsters, los ratones y las ratas son animales nocturnos, lo que significa que son más activos por la noche. Esto puede ser frustrante para los niños, ya que querrán jugar con su mascota durante su periodo normal de sueño. Además, el ruido que el roedor produce durante la noche al moverse en su jaula puede perturbar el sueño de algunas personas. Los hámsters, los ratones y las ratas suelen ser difíciles de despertar durante el día y probablemente se pongan de mal humor si se les molesta. Ya que los jerbos son más activos durante el día, son la mejor opción para el horario de un niño. Los conejillos de indias pueden estar activos durante el día o la noche.

Tenga en mente que si hay niños en la familia, deberían ser instruidos en la manera de manipular correctamente a sus mascotas; por ejemplo, ¡los roedores NUNCA deben ser levantados de la cola!

¿Puede usted mantener a un roedor?

Aunque los roedores pueden adoptarse o adquirirse a un precio relativamente bajo, debería anticipar los costos adicionales de albergue, alimentación, accesorios y cuidado veterinario durante la vida de su mascota.

¿Dónde puede conseguir un roedor?

La mayoría de los roedores se compran en las tiendas de mascotas. También puede adquirir roedores con criadores de buena reputación, grupos de rescate y refugios para animales. Siempre averigüe sobre la política de devolución en caso de descubrir que su mascota no esté sana.

¿Qué debería buscar en un roedor sano?

Evite a los animales que parezcan estar enfermos. Tratar de atender a un roedor enfermo para que sane después de haberlo comprado rara vez funciona. Si el entorno en el que vive su mascota potencial está sucio, huele mal o se ve sospechoso, no compre ni adopte ningún animal en ese lugar.

Un roedor saludable no debería tener secreciones en sus ojos, nariz u hocico. El animal debería verse activo y tratar de huir y resistirse a la manipulación hasta cierto punto, pero no debería tener pánico al ser manipulado. No debería haber evidencia de tos, estornudos ni jadeos. Asegúrese de examinar el área de la cola del animal. Debería estar seca y libre de diarrea o excremento endurecido. Esto es algo especialmente importante que debe verificar al momento de comprar o adoptar un hámster pequeño; los hámsters bebés pueden tener una enfermedad llamada "cola húmeda", la cual puede ser fatal.

¿Cómo debe prepararse para recibir a un roedor?

Asegúrese de que la jaula de su mascota tenga un lecho, comida y agua frescos y que haya mucho espacio para que haga ejercicio (por ejemplo, ruedas para las especies adecuadas). Todos los roedores necesitan materiales para construir sus nidos. Los conejillos de indias necesitan áreas oscuras o cerradas para dormir.

Un veterinario debería examinar a todo roedor dentro de las siguientes 48 horas después de su adquisición. Este examen físico es crítico para detectar signos de enfermedades y para ayudar a los nuevos dueños a que aprendan sobre el cuidado apropiado. Ya que muchos problemas son causados por la mala información y por el cuidado inapropiado, la primera visita al veterinario ayudará a evitar que los dueños, con todo y sus buenas intenciones, cometan errores que puedan contribuir a la muerte prematura del animal.

No solamente el veterinario está calificado para evaluar la salud de su nuevo compañero, sino que también puede aconsejarle sobre control parasitario, nutrición, esterilización, socialización, entrenamiento, aseo y otros cuidados que pudieran ser necesarios para asegurar el bienestar de su mascota. Su veterinario debería seguir examinando a su roedor al menos una vez al año para detectar cualquier problema de salud que pudiera surgir. Al diagnosticar y tratar una enfermedad de manera temprana, existen más posibilidades de que el costo sea menor y que exista un resultado favorable.

Cuando usted adquiere una mascota

Usted acepta la responsabilidad por la salud y bienestar de otro ser vivo. Usted también es responsable por el impacto que su mascota pueda tener en su familia, sus amigos y su comunidad. Una mascota será parte de su vida durante muchos años. Invierta el tiempo y esfuerzo necesarios para hacer que los años que pasen juntos sean muy felices. Cuando usted elige una mascota, se compromete a cuidarla para toda su vida. ¡Elija sensatamente, mantenga su promesa, y disfrute una de las experiencias más gratificantes de la vida!

• El lecho es una parte importante del cuidado de su mascota. Para evitar olores en la jaula, utilice lechos absorbentes y cámbielos regularmente. Deberían evitarse algunos tipos de lechos ya que podrían ser tóxicos para los animales pequeños; consulte a su veterinario antes de elegir.
• Los roedores deberían manipularse siempre con calma y con movimientos lentos, y debería brindarse un área segura de "refugio" en su jaula.
• Para que su mascota pase tiempo fuera de su jaula de forma controlada, construya una zona segura y fácil de limpiar para que pueda rondar, como un escritorio, un gran contenedor o un corral. Pueden utilizarse correas con los roedores grandes.
• Antes de comprar su roedor, consulte a un veterinario que esté familiarizado con estas especies y únase a un club o grupo para aprender más de los dueños experimentados.

CRIA DE RATONES

Importante:

1.- Para empezar, se necesitan al menos 2 o 3 hembras, un macho y una jaula.

2.- Una vez los ratones se han reproducido, y llega el momento de separar la descendencia, hará falta disponer de 2 jaulas más para separar los más pequeños de los progenitores.

3.- Se necesita un espacio para poder colocar las jaulas y una cierta dedicación de tiempo.

CÓMO CONSTRUIR LA JAULA

• La jaula puede ser de diversos materiales, pero lo más fácil, es una caja de plástico de 50cm x 40 cm y 30 cm de altura (puede ser igual o superior), y será suficiente para acomodar las 3 hembras y un macho.

• Tendremos que cortar la tapa (como en la foto), y fijar un trozo de tela metálica de máximo 0,5 cm x 0,5 cm de hueco (puede ser de agujero más pequeño, pero no más grande).

• En un lateral, y a una altura no muy alta desde la base, se debe hacer un agujero en el plástico para pasar el bebedero, y dos más para fijarlo por fuera con un alambre.

MANTENIMIENTO

• Para absorber la orina etc., se necesita una capa de unos 3 cm de viruta de madera y / o paja, que se pueden comprar en las cooperativas agrícolas), además de trocitos de papel o cartón para la construcción del nido, y para poder tener refugio. **Este lecho se tendrá que renovar cada semana con la excepción de la época de cría**, cuando es mejor no molestar con cambios. Desde que se observa que la hembra está a punto de parir, hasta transcurridas 2 semanas posteriores a la cría.

ALIMENTACIÓN

• Piensos para roedores. También se puede elaborar una mezcla casera de cereales, frutos secos, semillas con almendras, nueces, restos de pan.

• En época de cría hemos observado que aprecian trocitos de grasa de carne, bacón...

• Uno de sus favoritos: crema de cacahuetes.

• Cada día hojas verdes, de lechuga o acelgas o manzana.

AGUA
• La forma más adecuada son los bebederos que se pueden comprar en las tiendas dedicadas a animales.
• Debemos asegurar que la jaula está nivelada porque si no, el agua puede gotear continuamente, empapando el papel y serrín, y dejando a los animales sin agua.

AMBIENTE
• Son animales nocturnos, así un lugar oscuro favorece la cría, temperaturas agradables y no extremos.
• Durante el invierno tenemos que asegurar que tienen suficiente papel, serrín, paja para hacer un nido, y lugares de refugio para mantenerse calientes.
• Durante el verano, que no estén expuestos a altas temperaturas

RATONES FELICES
Son animales inteligentes, sociales y curiosos. Para enriquecer su entorno y calidad de vida, podemos poner una piña de pino, el cartón del papel higiénico que funcionan como túneles, hojarasca o hojas secas y un bote de cristal sin la tapa.

ÉPOCA DE CRIA
• Las hembras son aptas para la reproducción a las 6 semanas y los machos a las 8 semanas.
• Una hembra adulta es capaz de criar 5 o 10 veces al año, produciendo entre 3 y 10 crías cada vez.

NACIMIENTO

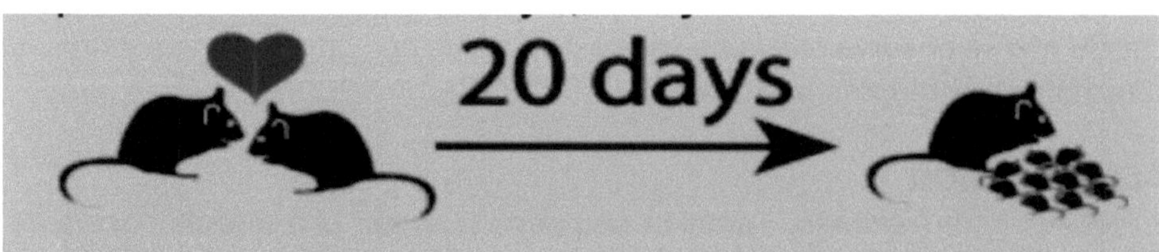

• El embarazo dura de 20 a 21 días. Cuando el embarazo de la hembra se hace evidente por el tamaño de la barriga, así como después de los 20 días posteriores al nacimiento, es mejor no limpiar la jaula ni cambiar la cama de la

caja, ya que puede provocar estrés a los padres, resultando en la pérdida del embarazo o de la descendencia.
• El número de crías puede ser de entre 3 y 10 cada vez.

SEPARACIÓN DE LAS CRÍAS

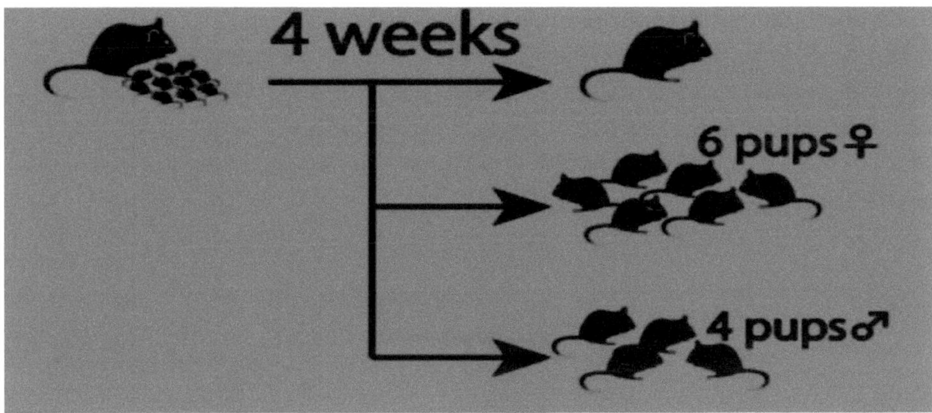

• Cuando los pequeños tengan de 21 a 28 días, debemos separarlos de los padres, así como *separar las hembras de los machos y mantenerlos separados en dos jaulas, hasta que lleguen a las 6 semanas las hembras, y 8 los machos, que ya serán aptos para la reproducción.
• Queremos evitar que las hembras inmaduras puedan quedar preñadas, ya que puede afectar a su salud y fertilidad.
• Los machos de la misma cría no suelen pelearse, pero es mejor no juntar machos adultos porque suelen pelear y provocarse heridas.

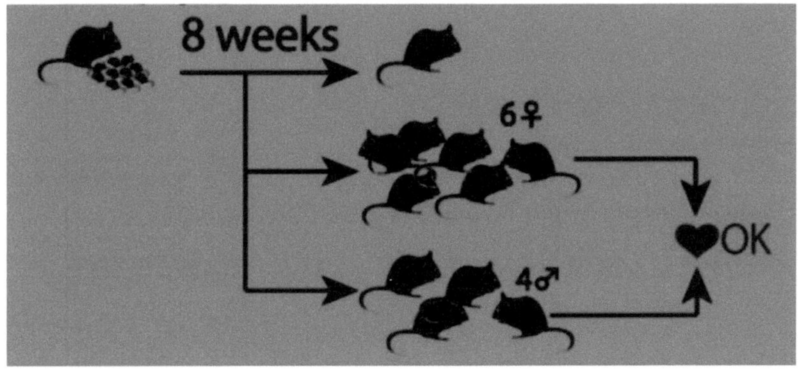

CÓMO DETERMINAR EL SEXO DE LOS RATONES

No siempre es fácil...

Los 2 puntos de referencia son el ano y los genitales, masculino o femenino.

• Los genitales de los machos se sitúan a más distancia del ano que los genitales de las hembras.

• Las hembras tienen pezones más visibles, los machos no.

• Hay una línea recta destacada entre el ano y los genitales femeninos, mientras que en los machos está cubierta con pelo.

Coger el ratón por la cola por la parte más cercana al cuerpo, y dejar que el ratón descanse sobre una superficie plana con las patas delanteras y traseras apoyadas.

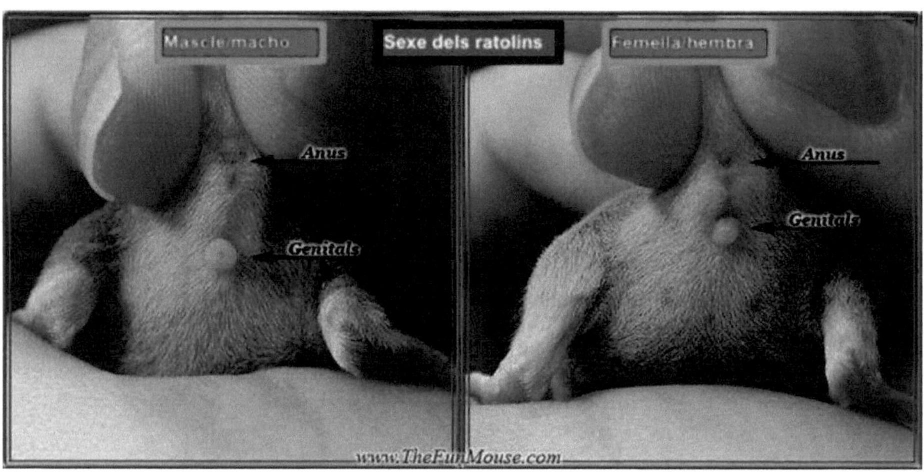

CONTROL DE NACIMIENTOS

Es importante anotar datos

• **¿Cuáles?** fecha de los nacimientos, de qué hembra (si es posible), número y sexo de las crías y la fecha de separación de los padres.

EL RATÓN: SU MICROAMBIENTE Y MACROAMBIENTE

Lecho

Olor

Ventilación

Luz
Densidad
Agua
Jaula Temperatura
Alimento Ruido
El investigador podrá decidir, de acuerdo con sus necesidades, dónde ubicar a los animales empleados, teniendo en cuenta que el lugar brinde las condiciones ambientales y de manejo óptimos que aseguren la salud y la comodidad de especímenes, de modo que sus patrones metabólicos y de comportamiento se mantengan normales y estables, dando respuestas confiables.

Los principales factores ambientales que afectan a los animales pueden clasificarse en:
› Climáticos: temperatura, humedad, ventilación, etc.
› Fisicoquímicos: iluminación, ruido, composición del aire, sanitizantes, lecho o cama, etc.
› Habitacionales: forma, tamaño, tipo y población de las jaulas, etc.
› Nutricionales: dieta, agua, esquema de administración.
› Microorganismos y parásitos.
› Situación experimental.

2.1. MICROAMBIENTE

El microambiente, es el ambiente físico inmediato que rodea al ratón, también llamado confinamiento o encierro primario, está limitado por el perímetro de la jaula o caja, cama, alimento y agua de bebida; deben contribuir a la salud de los animales, y evitarles todo estrés, por lo que deberá asignársele, a cada uno, un espacio adecuado que le permita movimientos y adopciones de posturas normales, preservando a su vez las mínimas condiciones de higiene y de protección contra insectos, roedores y otras plagas.
El microambiente lo conforman la caja o jaula, el alimento, el agua, así como el mantenimiento de las condiciones de higiene de cada uno de ellos (capítulo de cuidado y mantenimiento).

2.1.1. CAJA O JAULA

Los ratones se alojan en cajas o jaulas especialmente diseñadas para facilitar su bienestar, pueden ser de metal o de plástico (polipropileno, policarbonato, poliestireno y polysulfano), provistas de tapas de acero inoxidable con o sin filtro.

El poliestireno es transparente y resiste al autoclavado y a la mayoría de desinfectantes. El poliestireno y el polipropileno no resisten temperatura elevadas. La altura de las paredes de la caja no debe ser menor de 12,7 cm.

Debe tener las siguientes características:
› Proporcionar espacio adecuado, ser cerrado, seguro y protegerlo de las amenazas externas.
› Ser adecuado en ventilación.
› Ser resistente al lavado, desinfección y esterilización frecuente.
› Permitir la observación del animal.
› Tener pisos y paredes fáciles de limpiar (superficies lisa) y con tapa removible de rejas o perforada.
› Mantenerse en buenas condiciones de uso.
› Facilitar el acceso de los animales al agua y alimento.
› No presentar bordes cortantes o proyecciones que puedan causar lesiones.

2.1.2. RECOMENDACIONES DE ESPACIO (DENSIDAD ANIMAL

El número de animales por jaula estará en relación con el tamaño corporal (edad del ratón, estado pre y postnatal) evitándose la sobrecarga.

El tamaño de las jaulas o cajas debe ser apropiado; por ejemplo, en el caso de ratones adultos, se requiere una superficie mínima de 80 cm2 por animal.

El requerimiento mínimo es que el animal disponga de espacio suficiente para moverse y para expresar las posturas normales de conducta y sociabilidad, debe tener fácil acceso al agua y alimento y debe tener un área suficiente con material de lecho limpio y sin obstáculos para moverse y descansar.

En la siguiente tabla se muestra las recomendaciones del espacio asignado a roedores alojados en grupos; si se alojan individualmente o exceden los pesos listados, podrían requerir de más espacio, de acuerdo con el criterio profesional y de experiencia.

2.1.3. LECHO O CAMA

Los lechos serán de material absorbente tal como la viruta de madera, la coronta molida del maíz (marlo), etc.; libres de polvillo, alergenos y sustancias tóxicas. Deben ser esterilizables. La viruta más adecuada es la de de pino blanco, seguida por la de tornillo.

Se debe tener especificaciones de calidad de la viruta para su adquisición, tales como:

› No ser nocivo.

› Capacidad de absorción

› No se recomienda el uso de viruta procedente de cedro o caoba.

2.1.4. AGUA DE BEBIDA

El agua debe ser potable y suministrarse libremente durante toda la vida del animal, puede ser en frascos bebederos de vidrio o de policarbonato. El agua debe ser acidificada, esterilizada mediante autoclave o por método de filtración.

2.1.5. ALIMENTO: DIETAS Y REQUERIMIENTOS

El alimento es el material primario a partir del cual se van a formar y renovar los tejidos y estructuras corporales, tanto las nuevas como las ya existentes, que deben ser reemplazadas debido al proceso de desgaste. La nutrición es determinante en los estados sucesivos de crecimiento y producción de los animales, de ahí que haya alimentos específicos para cada especie y hasta para cada etapa de su vida.

Luego de su adquisición, se debe tener cuidado en el transporte, almacenamiento y manipulación del alimento para reducir al mínimo la introducción de enfermedades, parásitos y vectores potenciales de enfermedades (por ejemplo insectos y otras plagas) y contaminantes químicos.

Se debe contar con un procedimiento para la adquisición de alimento y los requisitos que este debe reunir, tales como:

› Composición, que deberá cubrir las necesidades de crecimiento, gestación, lactancia y mantenimiento del ratón.

› Debe ser agradable al paladar (palatable) y digestible.

› Tener fecha de elaboración y caducidad.

› Certificado de análisis químico proximal y microbiológico por cada lote.

› Estar libre de harina de pescado, aditivos, drogas, hormonas, antibióticos, pesticidas y contaminantes patógenos.

› El alimento en forma de pellet debe tener la consistencia requerida, para evitar perdida del alimento y el animal pueda consumirlo.

TABLA 1 Composición química de una dieta estándar

Componente	Porcentaje
Proteína cruda	20
Grasa cruda	9,81
Fibra cruda	2,15
Cenizas	6,38
Consumo diario de alimento	3-6 g
Consumo diario de agua	3-7mL

2.2. MACROAMBIENTE

El macroambiente es el espacio inmediato al microambiente y es la sala de alojamiento en su ámbito general. La alteración de los factores del macroambiente producirá cambios en el modelo animal y con ello, la modificación del tipo de respuesta, y aumento de la variabilidad de los resultados entre o dentro de los laboratorios de experimentación.

2.2.1. AIRE Y VENTILACIÓN

Los ambientes destinados a la producción de animales, en su interior, deben poseer ventilación con presión positiva de aire respecto a los pasillos o áreas exteriores, manteniendo las gradientes de presión, de tal forma que se evita el ingreso de patógenos desde el exterior.

En caso de poseer un bioterio de doble pasillo con locales centrales (circulación limpia y sucia), la gradiente de presión será del limpio hacia el sucio.

La ventilación es importante para controlar la humedad, calor, gases tóxicos. Se debe generar entre 15 a 20 recambios de aire / hora.

Los sistemas de aire acondicionado o ventilación no podrán ser compartidos con otras áreas, serán exclusivos para el sector bioterio y con factores controlados de temperatura y humedad.

2.2.2. TEMPERATURA Y HUMEDAD RELATIVA

Las exigencias de temperatura para ratones son de 20 a 25 °C y la humedad relativa ambiental entre 40 y 70%. Las condiciones ambientales en que se crían y experimentan los animales influyen decisivamente en las respuestas a los diferentes tratamientos. Si se requiere respuestas estandarizadas, las condiciones en que se mantienen los animales deben ser fijas.

2.2.3. INTENSIDAD DE LUZ Y TIPO DE ILUMINACIÓN

Los ambientes de crianza deben contar con la luz artificial, provista de lámparas fluorescentes tipo luz día, con incidencia oblicua, con una iluminación máxima de 323 lux a un metro del piso; de forma tal, que todas las jaulas, independientemente de su ubicación, reciban intensidades similares de luz.

La iluminación debe distribuirse adecuadamente a través de la sala de alojamiento y ser lo suficiente para las prácticas de mantenimiento, inspección y bienestar de estos, sin causarles signos clínicos a los animales. También debe proporcionar condiciones seguras de trabajo para el personal.

La iluminación es importante para la regulación del ciclo estral y reproductivo. Se recomienda 12 horas luz/12 horas oscuridad, lo cual se programa con un reloj temporizador.

2.2.4. RUIDO

Los ratones son muy sensibles al ruido y pueden percibir frecuencias de sonido que son inaudibles para el ser humano, por lo que el personal debe tratar de minimizar la generación de ruido innecesario. El ruido excesivo e intermitente se puede minimizar capacitando al personal en modos alternativos a las prácticas que producen ruido. Los radios, celulares, alarmas y otros generadores de sonido, aun con auriculares o audífonos, no deben usarse en las salas de alojamiento de animales. Se permite un nivel máximo de ruido de 85 decibeles, si estos son mayores tiene efectos nocivos como estrés y problemas de fertilidad.

2.2.5 OLOR

El olor es otro factor que afecta al ratón, es por ello que no se debe utilizar desinfectantes que emanen olores, que sean irritantes y mucho menos desodorizantes, dentro de los ambientes del bioterio.

La percepción de amoniaco en el ambiente es un indicador de saturación del lecho, por lo que se recomienda tener programas de cambio de lecho según la población que se maneje.

Por ejemplo, se conoce que el hombre es capaz de percibir 100 ppm de amoniaco del ambiente del ratón y éste puede percibir desde 25 ppm de amoniaco.

CRÍA DE COBAYAS O CUYES

Cobaya, nombre común que incluye a varios géneros de pequeños mamíferos roedores nativos de América del Sur. Entre éstos están: los conejillos de Indias o cobayas domésticos, los cuises o cuis serranos, los cobayas roqueros y las liebres de Patagonia o maras. Los cuises y los cobayas roqueros se parecen a los conejillos de Indias o cobayas domésticos, pero con variaciones en el color y en el pelaje. Las liebres de Patagonia se asemejan a los conejos, aunque tienen las orejas más cortas y las extremidades posteriores más largas, y miden entre 45 y 75 cm. Todos los cobayas tienen cuatro dedos en los pies anteriores y tres en los posteriores. La mayoría de ellos tienen hábitos crepusculares (son activos durante el amanecer y el atardecer), se alimentan de materia vegetal, excavan madrigueras y viven en grupos grandes. La hembra pare dos crías tras un periodo de gestación de dos meses; el número de crías puede ser mayor en las variedades domésticas. Los jóvenes son muy precoces y, a pesar de tener un periodo de lactancia, están capacitados para comer alimentos sólidos a los pocos días de su nacimiento. Los cobayas roqueros están distribuidos por el noreste de Brasil y viven en terrenos áridos y rocosos. Las maras están distribuidas por el centro y el sur de Argentina, y habitan regiones áridas y casi desérticas.

Clasificación científica: los cobayas constituyen la familia de los Cávidos, dentro del orden de los Roedores. Los conejillos de Indias se clasifican dentro del género *Cavia*. Los cuis están clasificados en los géneros *Cavia* y *Galea*, y el cobaya roquero en el género *Kerodon*. Por último, las maras o liebres de Patagonia están clasificadas dentro del género *Dolichotis*.

Cavia porcellus es una especie híbrida doméstica de roedor histricomorfo de la familia Caviidae, resultado del cruce de varias especies del género *Cavia* realizado en la región andina de América del Sur, con registros arqueológicos encontrados desde Colombia y Ecuador hasta Perú y Bolivia. Alcanza un peso de hasta 1 kg. Vive entre cinco y ocho años. La especie fue descrita por primera vez por el naturalista suizo Conrad von Gesner en 1554.[1] Su nombre científico se debe a la descripción de Erxleben en 1777, y es una mezcla de la designación del género de Pallas (1766) y el nombre específico dado por Linneo (1758).[2]

Nombres comunes en todo el mundo

En español, *Cavia porcellus* recibe diversos nombres vulgares según el país. En su zona de origen (Colombia, Ecuador y Perú) se le conoce como **cuy** (del quechua *quwi*), nombre onomatopéyico que aún lleva en algunas regiones de América del Sur. Principalmente en este continente, aunque también en México y América Central, existen varias formas surgidas a partir del nombre onomatopéyico quechua *quwi*: **cuye**, **cuyi**, **cuyo**, **cuilo**, **cuis**. En países del área caribeña, Andalucía y Canarias el nombre ha derivado a **curi**, **acure**, **curí**, **curío**, **curie**, **cury**, **cuín** y **curiel**.

En Chile, se le conoce generalmente como **cuyi**, pero también en sus zonas norteñas se les conoce como **cuy**, por la antigua presencia quechua y la posterior inmigración peruana en Chile. En Santiago de Chile es llamado **cuyi**, **cuy**, **cuye** o **cuyo**.

En la sierra del peruano departamento de Huánuco, se le conoce con el nombre de **jaka** (del quechua *haka*).

En Uruguay se lo conoce como "cuis".

En España y en zonas de Hispanoamérica se emplean los nombres **cobayo** y **cobaya**,[3] posiblemente derivados del idioma tupí *sabúia*. En muchos países, incluyendo los ya mencionados, recibe el nombre de **conejillo de indias**, en la región rioplatense es llamado **chanchito de indias**,[4] mientras que en el resto de la Argentina se usa la palabra cuis o cobayo. En Puerto Rico se utiliza comúnmente el nombre **güimo**.

Etimología en otras lenguas

El nombre que la especie *Cavia porcellus* recibe en otros idiomas europeos carece por completo de relación con el original.

- *cavia peruviana* o *porcellino d'India* ('cerdito de Indias') en italiano.
- *porquinho da Índia* ('cerdito de Indias'), en portugués
- *cochon d'Inde* ('cerdo de Indias') o *cobaye* en francés
- *guinea pig* ('cerdo de Guinea'), en inglés
- *Meerschweinchen* ('cerdito de mar'), en alemán
- *морская свинка* o *morskáia svinka* ('cerdito de mar'), en ruso

El origen de todos estos nombres es difícil de explicar, aunque existe una hipótesis:[cita requerida] quizás los comerciantes alemanes e ingleses que lo llevaron a Europa regresaban por mar desde Guinea, lo que pudo confundir sobre el origen del animal. Otra hipótesis es que el nombre de los animales podría estar relacionado con la moneda «guinea», una moneda de oro inglesa.

Relación con el ser humano

Su domesticación para consumo humano se dio hace 2500 años en los Andes Centrales, específicamente en el departamento de Junín (Perú), en la misma región donde se produjo la domesticación de alpacas.[5] A lo largo del tiempo, el hombre andino ha criado cuyes para consumir su carne e incluso en algunas zonas para hacer ropa con su piel; un claro ejemplo se da en la sierra ecuatoriana. En los países andinos existe una población estable de más o menos 35 millones de cuyes, siendo el Perú el de mayor consumo y población de cuyes, con un consumo anual de más de 65 millones de cuyes, producidos por una población más o menos estable de 22 millones de animales criados básicamente con sistemas de producción familiar.[6] La población estimada de auto-consumo en Ecuador es de 15 millones de cabezas de cuy,[7] algo muy inferior a la producción comercial, que se estima en 50 millones.

Otra de las razones para la crianza de este roedor es para comercializarlo como animal de compañía.

Uso en investigación

El cuy es un animal muy común para la experimentación en investigación biomédica, de ahí que la expresión cobaya o conejillo de Indias se utilice popularmente como sinónimo de objeto de experimentación.

Como mascota

En la actualidad se le cría cada vez más para tenerlo como mascota, al poder convivir con niños pequeños. Como tal se ha preferido el denominado cuy del tipo 3; es decir, las cobayas de pelo largo y lacio llamadas «cobayas de Angora». Aunque algunas especies de pelo corto, también son preferidas como animal de compañía.

Alimentación

Los cuyes son animales herbívoros, por lo que el aporte de fibra en el alimento es indispensable. Por otro lado, el aporte de vitamina C es altamente necesario, pues las cobayas, los primates y los murciélagos son las únicas especies que no sintetizan esta vitamina y si no se les proporciona vitamina C , pueden llegar a presentar escorbuto y morir, así que se debe incluir en su dieta pimiento, naranja y guayaba.[8] Una dieta bien equilibrada deberá componerse de verduras y hortalizas frescas, heno, agua, todo ello complementado con croquetas o comida comercial.

Para prevenir deficiencias hay que procurar a la mascota una dieta variada. El heno sirve para cubrir las necesidades de hidratos de carbono y de fibra. La alfalfa les otorga calcio para sus huesos y es fundamental. La fruta y la verdura ayudan a satisfacer sus necesidades de vitaminas y gran parte del líquido necesario. Para la comida conviene utilizar recipientes de barro cerámico pesados que resistan la inclinación y consiguiente caída del alimento. Sus lados deben ser lo bastante altos para mantener el material de cama y las heces lejos de la comida. Por otro lado, es muy importante que toda la comida fresca que demos a nuestras cobayas esté a temperatura ambiente; nunca puede estar recién sacada del refrigerador.

Gran parte de sus necesidades de líquidos quedan cubiertas por la ingestión de alimentos frescos. Deben tener siempre a su disposición un bebedero con agua limpia y fresca. Si se utilizan unas botellas de agua equipadas con tubo para beber, será más fácil mantener el agua libre de contaminación. Los cobayos tienden a contaminar y obstruir sus botellas de agua más que otros roedores domésticos, ya que mastican el tubo con el fin de obtener el agua, introduciéndose partículas de comida en la botella. Por estas razones, toda comida y los contenedores de agua en particular, deben limpiarse de forma habitual.

Al ser animales herbívoros, no se debe proporcionarles carne, productos lácteos o pellets para conejos (no contienen vitamina C y algunos incluso pueden incluir antibióticos tóxicos para cuyes).[9]

Los cuyes son animales que realizan cecotrofia, forma de coprofagia específica a ciertos roedores; es decir, comen las heces directamente del ano, antes de que lleguen al suelo.[cita requerida] Esta es una buena forma de aprovechar todos aquellos nutrientes que han pasado directamente por el tracto gastrointestinal sin haberse absorbido, como algunas vitaminas, por ejemplo. Los conejillos de Indias, no digieren bien los nutrientes en su primera pasada por el aparato digestivo, por lo cual, comen sus excrementos para pasarlos otra vez por el estómago.

También para prevenir el crecimiento excesivo de sus dientes, se les debe proporcionar alimentos que desgasten sus dientes, tales como heno y hojas de elote y también algunos palitos de madera para que puedan roer.[10]

Salud e higiene

Para tener cuyes sanos y evitar enfermedades se debe:

- Alimentarlos bien.
- Mantener limpias las jaulas.
- Evitar la presencia de alimento en mal estado.
- Poner en cuarentena durante cuatro días a los animales nuevos que se adquieran, para observar su comportamiento antes de juntarlos con los que ya se tienen. La presentación de un animal nuevo se debe hacer siempre en un territorio neutral y libre de olores, para facilitar la integración.

Un cuy sano es un animal alegre, con pelo brillante, gordito, bien desarrollado y que come bien. Un cuyo está enfermo cuando se separa de los demás, se arrincona, está decaído, no quiere comer, se le eriza el pelo, se le hunde la barriga, tiene diarrea y baja de peso rápidamente. En este caso hay que separarlo rápidamente de los demás para que no los contagie y acudir a un veterinario especializado en animales exóticos.

Las enfermedades más comunes de los cuyes son las siguientes:

- Infección con parásitos externos: piojos, pulgas, garrapatas y sarna. Esto se puede controlar con una buena higiene de la jaula.
- Disbiosis cecal: es muy grave porque puede producir la muerte de los animales. Puede ser producido por diversos factores, como bacterias *(Clostridium piriforme)*, bajo nivel de fibra y excesivos carbohidratos de fácil fermentación, que generan una hipomotilidad cecal. Se recomienda higiene y desinfección periódica de las jaulas.
- Neumonía: usar antibióticos específicos y evitar el frío y las corrientes de aire.

- Escorbuto: se produce por la falta de vitamina C, y genera hemorragias internas. En este caso, hay que administrar 2 gotas de Redoxón (vitamina C en gotas) por cada 100 g de peso. El tratamiento debe durar hasta que el cobayo mejore.

Hay dos razas principales de cuy para alimentación, además de varias líneas:[cita requerida]

Raza Perú

Se caracteriza por tener buena conformación cárnica, ser precoz (es decir, tiene un rápido crecimiento o engorde) y ser poco prolífica. Sus colores son rojo y blanco.

Raza Andina

Se caracteriza por tener buena conformación y ser prolífica, pero menos precoz que la raza Perú. Son de color blanco puro y de ojos negros.

Línea Inti

Se caracteriza por ser un promedio de las dos razas anteriores. Es un animal más forrajero y sus colores son amarillo o bayo con blanco.

CRÍA DE HÁMSTERES O CRICETOS

Hámster, nombre común que se aplica a diversas especies de mamíferos roedores. Se caracterizan por tener bolsas en cada mejilla, también llamadas abazones, que utilizan para almacenar comida, por poseer un pelaje denso y suave, y un cuerpo robusto, con patas y cola cortas. Una de las especies puede medir unos 30 centímetros. Los hámsters viven en madrigueras subterráneas compuestas por varias cámaras; una la utilizan como almacén para la comida, compuesta sobre todo por granos de cereal. A veces estos animales constituyen plagas serias para la agricultura. Los hámsters hibernan durante el invierno, pero suelen despertarse para comer las provisiones almacenadas. Otra de las cámaras de la madriguera es utilizada como nido y en ella la hembra pare varias veces al año, una camada de hasta 18 crías. Los jóvenes hámsters son destetados a las dos o tres semanas; poco tiempo después abandonan a sus progenitores y construyen sus propias madrigueras. En algunos lugares se consume su carne y el pelaje de algunas especies se emplea como forro para abrigos.

El área de distribución de los hámsters se extiende por toda Eurasia y por las estepas, llanuras y desiertos de Asia central. El hámster dorado es una especie muy estimada, pues es utilizado en la investigación médica y como mascota. En 1956, se descubrió que el hámster también podía contraer la enfermedad del catarro común. Este descubrimiento tuvo gran importancia en la investigación del virus que lo causa en el ser humano.

Clasificación científica: los hámsters pertenecen a la familia de los Múridos (*Muridae*), dentro del orden de los Roedores. El hámster común recibe el nombre científico de *Cricetus cricetus*, los hámsters dorados se clasifican dentro del género *Mesocricetus,* y el hámster enano pertenece al género *Phodopus.*

CRÍA DE ARDILLAS

Las ardillas pertenecen a la familia de los Esciúridos, dentro del orden de los Roedores. Las ardillas arborícolas, las ardillas terrestres, las marmotas y las ardillas listadas americanas pertenecen a la subfamilia de los Esciurinos, y las ardillas voladoras a la subfamilia Petauristinos. Las ardillas pigmeas africanas constituyen el género *Myosciurus* y las ardillas gigantes de Asia el género *Ratufa*. La ardilla común europea o roja se clasifica como *Sciurus vulgaris;* y la ardilla americana o gris como *Sciurus carolinensis*. Las ardillas pigmeas de América forman los géneros *Microsciurus, Sciurillus* y *Guerlinguetus,* entre otros. Las menores, el género *Leptosciurus;* las medianas, el *Neosciurus* y las mayores, el *Hadrosciurus*. Las ardillas de cola escamosa pertenecen a la familia de los Anomalúridos.

Ardilla, nombre común que se aplica a determinadas especies de roedores que pertenecen a una familia que comprende a las ardillas arborícolas, las ardillas terrestres, las marmotas, las ardillas listadas, las ardillas voladoras o planeadoras y los perritos de las praderas. Dentro del grupo de las ardillas arborícolas y las terrestres se incluyen unas 230 especies y en el grupo de las ardillas voladoras se incluyen unas 43 especies. El tamaño de estos animales es variable; las más pequeñas son las ardillas pigmeas africanas, que miden unos 13 cm de longitud, y las más grandes son las ardillas gigantes de Asia, que miden cerca de 90 cm de largo. Las ardillas están distribuidas por todo el mundo, excepto Australia. Suelen vivir en bosques caducifolios o de coníferas, aunque es posible encontrar especies adaptadas a vivir en hábitats muy distintos, desde la taiga al desierto. Para vivir en estos lugares, las ardillas han sufrido adaptaciones y han desarrollado estrategias que les permiten soportar las temperaturas extremas que las caracterizan.

Con la excepción de las ardillas terrestres, la mayoría de especies son arborícolas y su alimentación consiste en materia vegetal (sobre todo nueces, semillas y brotes), aunque en ocasiones pueden comer insectos. Su hábito de almacenar comida para el invierno ayuda a la propagación de plantas y árboles. Las ardillas son muy sensibles a los cambios de temperatura, permanecen inactivas en climas cálidos cuando las temperaturas son elevadas, y las que viven en climas más fríos hibernan, aunque las ardillas arborícolas nunca lo hacen.

La ardilla común o europea es rojiza, tiene una cola larga y pequeños penachos en las orejas. La ardilla gris es más grande que la europea y no presenta penachos en las orejas. Las especies arborícolas comunes en América Latina se clasifican en cuatro grandes grupos: las ardillas pigmeas y guerliguetos, las ardillas menores de Sudamérica, las medianas del norte y las Antillas (presentes incluso en Centroamérica) y las ardillas mayores de Sudamérica.

La **ardilla roja** (*Sciurus vulgaris*), o simplemente **ardilla común**, es una especie de roedor esciuromorfo de la familia Sciuridae. Es una de las ardillas más extendidas por los bosques de Europa.

Características

Su cuerpo mide entre 20 y 30 cm y su cola entre 15 y 25 cm. Pesa de 250 a 340 g. Su pelaje es de color rojizo. Cuando llega el invierno aparecen unos penachos de pelos en las orejas. En sus patas anteriores o manos tiene cuatro dedos mientras que en las posteriores tiene cinco. No presentan dimorfismo sexual.

Su fórmula dentaria es la siguiente: 1/1, 0/0, 2/1, 3/3 = 22.[2]

Comportamiento

Es habitante habitual de los bosques de coníferas, aunque también está presente en otras formaciones arbóreas. Desarrolla su actividad durante el día buscando y consumiendo frutos, semillas, cortezas e incluso insectos, huevos y aves. No hiberna sino que se mantiene activa consumiendo lo que ha ido almacenando en el suelo y en diferentes oquedades de los árboles y las rocas. Desarrolla su actividad en los árboles aunque no duda en bajar de ellos para recoger alimento. También nada con soltura, sirviéndole la cola como timón para cambiar la dirección de su desplazamiento. Al ver a un enemigo, bate la cola y produce ruidos estrepitosos para que el resto de sus familiares lo sepan.

Reproducción y mortandad

El periodo reproductivo ocurre a fines del invierno y en verano. Una hembra tiene dos camadas por año, usualmente con tres o cuatro cachorros, excepcionalmente seis. La gestación dura 38-39 días. Nacen desvalidos, ciegos, sordos, pesando 10-15 g; su cuerpo se cubre de pelo a los 21 días, ojos y orejas se abren después de 3-4 semanas, desarrollan su dentadura a los 42 días. Comienzan a comer sólido a los 40 días y el destete se produce a las 8-10 semanas.

Los machos detectan a las hembras en estro por su olor, y aunque no hay cortejo y múltiples machos avanzan a una sola hembra fértil, finalmente el macho dominante, usualmente el más grande del grupo, se junta con ella. Machos y hembras se aparean múltiples veces con muchos compañeros. La hembra debe alcanzar un mínimo peso corporal antes de entrar en estro y la hembra más pesada produce más crías. Si el alimento escasea, la preñez puede perderse. Típicamente, una hembra produce su primera camada al segundo año.

La esperanza de vida es, en promedio, de tres años, aunque puede llegar a 7, y 10 en cautiverio. La supervivencia está positivamente vinculada a la disponibilidad de semillas en otoño–invierno. El 75-85 % de los jóvenes muere durante su primer invierno, y la mortalidad es aproximadamente del 50 % para los inviernos subsiguientes.[3]

Taxonomía

Se llegaron a nombrar hasta 40 subespecies, aunque el estatus taxonómico de muchas es incierto. Un estudio de 1971 reconocía 16 subespecies y sirvió de base para trabajos taxonómicos posteriores.[4][5] En la actualidad, el número de subespecies reconocidas es de 23.[6]

Clasificación científica: las ardillas pertenecen a la familia de los Esciúridos, dentro del orden de los Roedores. Las ardillas arborícolas, las ardillas terrestres, las marmotas y las ardillas listadas americanas pertenecen a la subfamilia de los Esciurinos, y las ardillas voladoras a la subfamilia Petauristinos. Las ardillas pigmeas africanas constituyen el género *Myosciurus* y las ardillas gigantes de Asia el género *Ratufa*. La ardilla común europea o roja se clasifica como *Sciurus vulgaris;* y la ardilla americana o gris como *Sciurus carolinensis*. Las ardillas pigmeas de América forman los géneros *Microsciurus, Sciurillus* y *Guerlinguetus,* entre otros. Las menores, el género *Leptosciurus;* las medianas, el *Neosciurus* y las mayores, el *Hadrosciurus.*

CRÍA DEL JERBO

Jerbo, nombre común de ciertos roedores saltadores que viven en las regiones áridas del norte de África y Asia central. Son animales de tamaño pequeño o mediano y miden entre 4 y 26 cm, sin incluir la cola. Se caracterizan por tener las extremidades anteriores cortas, sobre todo en comparación con las posteriores, que son muy largas (10 cm de longitud), pues están adaptadas para el salto. La cola también es larga, con un penacho de pelos en el extremo y suelen ayudarse de ella para equilibrarse mientras saltan o la utilizan como apoyo cuando están sentados. Las orejas y los ojos son grandes, tienen el pelaje suave y suele ser de color arena por encima y blanco por debajo. Habitan en regiones áridas, con vegetación dispersa y escasa; viven en madrigueras que excavan en el suelo y se alimentan de plantas, semillas e insectos. Están muy bien adaptados a su medio ambiente, pues son capaces de pasar periodos largos sin beber; obtienen el agua que necesitan del propio alimento que consumen. Ciertas especies se reproducen una vez al año, otras dos y la camada suele tener un promedio de 3 crías.

Clasificación científica: los jerbos pertenecen a la familia Dipodinae.

Los **dipodinos** (**Dipodinae**) son una subfamilia de roedores miomorfos de la familia Dipodidae conocidos vulgarmente como **jerbos** (del árabe يربوع *yarbū'* o hebreo ירבוע*yarbōa')*. Son roedores saltadores que viven en la zona septentrional de África y Asia. No deben confundirse con los gerbilinos (como *Meriones unguiculatus*), que pertenecen a la familia Muridae.

Existen nueve especies diferentes de jerbos, distribuidas en cinco géneros,[1] el más común y utilizado como mascota en diversos países es el jerbo de Egipto (*Jaculus jaculus*). A diferencia de los gerbilinos que existen 16 géneros, y más de 110 especies diferentes.

Generalmente el jerbo suele confundirse, por lo parecido de sus nombres, con el gerbillo, pero se trata de especies muy diferentes, de familias distintas, y que lo único que comparten es que pertenecen al mismo orden de los roedores. No existe una especie única llamada jerbo, pero generalmente a *Jaculus jaculus* se le conoce como jerbo, debido a que es el más cotizado como mascota en países como Estados Unidos, Canadá y también en Europa.

Características

Los jerbos son similares a las ratas, pero se diferencian de éstas por sus patas traseras, que ocupan para desplazarse saltando, de forma similar a la de un canguro, sus patas delanteras no son utilizadas para el desplazamiento. Se alimenta básicamente de semillas, insectos y vegetales. Los jerbos de África tienen 3 dedos en sus patas, a diferencia del jerbo asiático que tiene 5 dedos en sus patas.

Los jerbos han logrado desarrollar un sistema de defensa mediante largos saltos para escapar de sus depredadores, considerando que su hábitat natural es desértico.

Los jerbos se han popularizado como mascotas debido a su mayor longevidad dentro de los roedores y su carácter dócil, juguetón, pacífico y extremadamente curioso.

Taxonomía

Existen cinco géneros y nueve especies de jerbos:[1]

- *Dipus*
  - *Dipus sagitta*

- *Eremodipus*
    - *Eremodipus lichtensteini*
- *Jaculus*
    - *Jaculus blanfordi* - jerbo Blanford
    - *Jaculus jaculus* - jerbo de Egipto
    - *Jaculus orientalis* - gran jerbo oriental
    - *Jaculus bishoylus* - gran jerbo egipcio
- *Paradipus*
    - *Paradipus ctenodactylus*
- *Stylodipus*
    - *Stylodipus andrewsi*
    - *Stylodipus sungorus*
    - *Stylodipus telum*

Peligro de extinción

Existen dos especies que son consideradas amenazadas: las de cinco dedos pigmeos (clasificado vulnerable), y el de cola gruesa pigmeos (clasificada vulnerable). Muchas otras especies han sido colocadas en una categoría de "menor riesgo".

CRÍA DE LA CHINCHILLA

Chinchilla, nombre común que reciben ciertas especies de roedores que habitan en la cordillera de los Andes, en Sudamérica, a altitudes comprendidas entre los 3.000 y 5.000 metros.

Estos mamíferos recuerdan en su aspecto a las ardillas; tienen las orejas bastante largas, los ojos grandes, las patas cortas, los bigotes largos y la cola peluda. Miden entre 23 y 28 cm de longitud, sin contar con la cola, cuya longitud oscila entre 7 y 15 cm de largo. Viven en colonias y suelen buscar guarida en orificios entre rocas y peñascos. Al igual que sus parientes las vizcachas, se alimentan de la vegetación dura que existe en su hábitat. Es habitual verlas sujetar con las patas delanteras las raíces y las hierbas que comen. Las patas traseras, son proporcionalmente más largas y capacitan al animal para brincar ágilmente. Las hembras alumbran un promedio de dos a tres crías por camada y pueden reproducirse dos veces en un mismo año. Las crías son precoces: corren a las pocas horas de su nacimiento y comen alimentos sólidos a los pocos días.

Las chinchillas están recubiertas por un pelaje suave y denso; es gris plateado en la espalda y blancuzco en el vientre. Su piel es muy valorada y, en consecuencia, se ha cazado hasta casi llegar a exterminarla. Durante la década de 1920, se adoptaron leyes para su protección y desde entonces se han establecido granjas para su cría.

Clasificación científica: las chinchillas pertenecen a la familia de los Chinchíllidos (*Chinchillidae*), dentro del orden de los Roedores. La chinchilla real o indiana es la especie *Chinchilla chinchilla,* es la de mayor tamaño y vive en Perú; la chinchilla costina de Chile es la especie *Chinchilla lanigera,* y la chinchilla del altiplano, especie *Chinchida intermedia,* vive en ciertas localidades de Argentina y Bolivia.

CRÍA DE LA JUTÍA
Capromyinae

Jutías

Rango temporal: Mioceno Inferior - Reciente

Capromys pilorides

Taxonomía

Reino:	Animalia
Filo:	Chordata
Clase:	Mammalia
Orden:	Rodentia
Suborden:	Hystricomorpha
Familia:	Echimyidae
Subfamilia:	**Capromyinae** SMITH, 1842

Los **capromíidos** (**Capromyinae**) son una subfamilia de roedores de la familia Echimyidae conocidos vulgarmente como **jutías** que habitan el Caribe.[1] Son parecidos a los *Cavia*. Se conocen 20 especies y la mitad están en riesgo de extinción.

Características

Recuerdan a los coipús o nutrias en varios aspectos y las especies más grandes alcanzan varios kilogramos de peso. Tienen cola, desde vestigial a prensil. Tienen el cuerpo robusto y cabezas grandes.

Muchas especies son herbívoros, aunque algunas comen pequeños animales. En vez de cavar cuevas, hacen nidos en los árboles o en cavidades rocosas.

Son cazados por su carne en Cuba, donde suelen cocerse en grandes cacerolas con avellanas silvestres y miel. Una especie de jutía está referenciada en la Base Naval de Guantánamo como "Banana rat" por los militares estacionados ahí.

Clasificación

Se reconocen las siguientes especies:[2][1]

Tribu Capromyini Smith, 1842

- **Género** *Capromys*
    - *Capromys pilorides* - Jutía conga
- **Género** *Geocapromys*
    - *Geocapromys brownii*
    - *Geocapromys ingrahami* - Jutía de Bahamas
    - *Geocapromys thoracatus* †
- **Género** *Mesocapromys*
    - *Mesocapromys angelcabrerai*
    - *Mesocapromys auritus* - Jutía rata

- o *Mesocapromys nanus* - Jutía enana
  - o *Mesocapromys sanfelipensis* - jutía de la tierra
- **Género** *Mysateles*
  - o *Mysateles melanurus*[3] - Jutía andaraz
  - o *Mysateles garridoi* - Jutía de Garrido (Esta especie no aparece en la lista de especies autóctonas porque está considerada un taxón de dudosa identidad (*species inquerenda*) en el reciente estudio de Silva et al. (2007).[cita requerida])
  - o *Mysateles prehensilis* - Jutía carabalí

Tribu Hexolobodontini † Woods, 1989

- **Género** *Hexolobodon* †
  - o *Hexolobodon phenax* †

Tribu Isolobodontini Woods, 1989

- **Género** *Isolobodon*
  - o *Isolobodon montanus* †
  - o *Isolobodon portoricensis*†[4]

Tribu Plagiodontini Ellerman, 1940

- **Género** *Plagiodontia*
  - o *Plagiodontia ipnaeum*† - Jutía de Samana
  - o *Plagiodontia aedium* - Jutía de La Española
  - o *Plagiodontia araeum*†
- **Género** *Rhizoplagiodontia*†
  - o *Rhizoplagiodontia lemkei*†

Referencias

- Centro Nacional de Biodiversidad, Cuba (17 de octubre). «Diversidad Biológica Cubana». Archivado desde el original el 19 de diciembre de 2009. Consultado el 25 de mayo de 2010.

1. 1 2 Fabre, Pierre-Henri; Upham, Nathan S.; Emmons, Louise H.; Justy, Fabienne; Leite, Yuri L. R.; Loss, Ana Carolina; Orlando, Ludovic; Tilak, Marie-Ka; Patterson, Bruce D.; Douzery, Emmanuel J. P. (1 de marzo de 2017). «Mitogenomic Phylogeny, Diversification, and Biogeography of South American Spiny Rats». *Molecular Biology and Evolution* **34** (3): 613-633. ISSN 0737-4038. doi:10.1093/molbev/msw261.
2. ↑ Wilson, D. E. & Reeder, D. M. (editors). 2005. *Mammal Species of the World. A Taxonomic and Geographic Reference* (3rd ed).
3. ↑ Soy, J. & Silva, G. 2008. *Mysateles melanurus*. In: IUCN 2010. IUCN Red List of Threatened Species. Version 2010.1. Visitado el 26 de junio de 2010.
4. ↑ Turvey, S. & Dávalos, L. (2008). «*Isolobodon portoricensis*». *Lista Roja de especies amenazadas de la UICN 2008* (en inglés). Consultado el 6 de enero de 2009.

BIBLIOGRAFÍA

- Alvarado, R. 1970. *Los Roedores*. Editorial Noger, S. A. Barcelona-Madrid, 80 pp.
- Hernández-Muñoz, A .2024. *Aliados del Hombre*. Editorial Académica Española, 126 pp.
- Hernández-Muñoz, A. 1995. *Cuyicultura*. Forum de Ciencia y Técnica. Sancti Spíritus, 43 pp.
- Laurent, O. 1998. *Los Ratones*. Editorial Vecchi. Barcelona, 95 pp.
- Varona, L. S. 1980. *Mamíferos de Cuba*. Editorial Gente Nueva. La Habana, 109 pp.
- Varona, L. S. 2007. *Mamíferos de Cuba*. Editorial Gente Nueva. La Habana, 134 pp.
- "Ardilla Común." Microsoft Encarta. 2009. [DVD]. Microsoft Corporation, 2008.
- "Cobaya." Microsoft Encarta. 2009. [DVD]. Microsoft Corporation, 2008.
- "Chinchilla." Microsoft. Encarta. 2009. [DVD]. Microsoft Corporation, 2008.
- "Hámster." Microsoft Encarta. 2009. [DVD]. Microsoft Corporation, 2008.
- "Jerbo." Microsoft Encarta. 2009. [DVD]. Microsoft Corporation, 2008.
- http//www.wikipedia.com
- http//www.wikiespecies.com

Printed by Books on Demand GmbH, Norderstedt / Germany